DER LAUBBAUM

Servus

Das kleine Buch

Julia Kospach

DER LAUBBAUM

Inhalt

Blätterrauschen

Laubwaldtypen, bunte Herbstkleider und die Farbe Grün

Die wichtigsten Formen von Laubwäldern

Es gibt eine ganze Reihe von wichtigen und prägenden Waldtypen, in denen Laubbäume die Hauptrolle spielen. Allen voran der Buchenwald. In ganz Mitteleuropa ist er eine sehr verbreitete Waldform. Neben den Rotbuchen, die in diesen schönen, hohen Wäldern die wichtigste Baumart stellen, sind auch Ahorn, Linde oder Esche typisch. Mitunter vermitteln die geraden, hohen Stämme und dichten grünen Kronen der Buchen in diesen Wäldern den Eindruck von Säulenhallen. In wärmeren Gegenden der Ebenen und des Hügellandes, in denen die Sommer trockener sind, findet man häufig helle, lichte Eichenmischwälder. Neben Eichen, Hainbuchen, Rotbuchen und Vogelkirschen begegnet man hier auch Baumarten wie Dirndl oder Elsbeere, die es gern warm haben. Entlang der Ufer von Flüssen und Bächen sowie in deren Überschwemmungsgebieten dominieren hingegen die feuchten Auwälder. Bestimmende

Baumarten sind hier Ulmen, Pappeln und Eschen, auf moorigeren Böden auch Erlen und Birken.

Viele Buchen, wenige Wildäpfel

Keiner der heimischen Laubbäume ist häufiger als die Rotbuche. Sie bildet ganze Buchenwälder, in denen sie die vorherrschende Baumart ist. Von den insgesamt 3,4 Milliarden Bäumen in Österreichs Wäldern sind 349 Millionen Buchen. Nur ein Nadelbaum, nämlich die Fichte, bringt es auf mehr Baumindividuen – nämlich ungefähr zwei Milliarden. Ein eher rarer Vogel unter den Laubbäumen, die in diesem Buch beschrieben werden, ist der Wildapfel. Er gilt sogar als vom Aussterben bedroht.

Von grünen und braunen Blättern

Im Wort Chlorophyll ist die Farbe Grün schon enthalten: »Chloros« kommt aus dem Altgriechischen und bedeutet hellgrün, »phyllon« heißt Blatt. Chlorophyll heißt also nichts anderes als Blattgrün. Gemeint ist damit ein natürlicher Farbstoff bzw. eine Gruppe von natürlichen Farbstoffen, die von allen Pflanzen gebildet werden, die Photosynthese betreiben. Photosynthese ist der mit Abstand wesentlichste biochemische Prozess auf der Erde: Dabei wandeln Blätter und andere grüne Pflanzenteile nicht nur Sonnenlicht in jene Energie um, die sie selbst zum Wachsen,

Gedeihen und Überleben brauchen – etwa in Stärke oder Zucker –, sondern sie setzen dabei auch Sauerstoff frei, den wiederum zahllose Lebewesen – darunter der Mensch – zum Atmen benötigen. Ein kleines Beispiel: Die Blätter einer großen, alten Buche stoßen pro Stunde ungefähr 1,7 Kilogramm Sauerstoff aus. Das entspricht genau jener Menge Sauerstoff, die fünfzig Menschen brauchen, um eine Stunde lang atmen zu können. Im Herbst werden die Chlorophylle in den Blättern abgebaut und im Stamm eingelagert. Das alternde Blatt verliert dadurch seine grüne Farbe, wird braun, vertrocknet und fällt schließlich ab, bevor im darauffolgenden Frühjahr wieder neue Blätter austreiben.

Die Sprache der Wälder

Wie Bäume, Tiere & Waidmänner unseren Wortschatz prägten.

Der springende Punkt, der Purzelbaum und viele andere vertraute Schätze unserer Sprache haben ihre Wurzeln im Wald.

Das Grün des Frühlings

Mitunter grünt es ganz kräftig in der Sprache: Wenn man jemandem nicht grün ist, dann ist man ihm nicht gewogen. Letzteres – gewogen nämlich – hat sich über »angenehm, günstig« und »grün« als Farbe des Frühlings und der Hoffnung entwickelt. Deshalb wird man ja auch aufgefordert, sich an jemandes grüne Seite zu setzen, welche stets die ist, an der hoffnungsvoller Frohsinn herrscht. Ist man jemandem nicht grün, kommt man mit ihm natürlich auch auf keinen grünen Zweig. Auch in diesem Sprachbild spukt der Wald herum: Der frische grüne Zweig ist seit jeher das Sinnbild für Gedeihen und Gelingen. Auf keinen grünen Zweig kommt also, wem nichts gelingt. Es ist eine Redensart, die schon seit Ende des 15. Jahrhunderts gebräuchlich ist.

Alles im grünen Bereich

Ist einer noch grün hinter den Ohren, dann ist er zwar frisch und jung und trägt Potenzial in sich, aber gleich einem grünen Trieb ist er neu auf der Welt und noch ohne Erfahrung. Auf diese Weise kamen die ersten Siedler Amerikas zur Bezeichnung Greenhorns, die sich im Englischen für jede Art von unerfahrenen Menschen einbürgerte. Mitunter vermutet man die Natur in einer Redewendung und stellt erstaunt fest, dass da nichts ist als Technik: Die Redensart »alles im grünen Bereich« bezieht sich auf die Anzeigenfelder von Kontrollautomaten, die mit roten Feldern den Gefahrenbereich, mit grünen den Normalbereich markieren.

Aristoteles und das Vogelei

Es gibt allerdings auch den umgekehrten Fall: dass sich nämlich der Wald und seine Bewohner in Wörtern und in Wendungen verstecken, in denen man sie nicht vermuten würde. Der »springende Punkt«, der das Ausschlaggebende einer Situation meint, geht auf eine Naturbeobachtung von Aristoteles zurück, der glaubte, dass in einem bebrüteten Vogelei das Herz als ein sich bewegender, springender Fleck – lateinisch: *punctum saliens* – zu erkennen sei. Das wurde umgedeutet auf den »Punkt, von dem das Leben ausgeht«, von dem also alles abhängt.

Knorrig wie die Hainbuche

Gut verborgen ist der Naturbezug auch in »hanebüchen«, was so viel heißt wie ungehobelt oder derb. Es stammt vom mittelhochdeutschen hagenbüechin, das »aus Hagebuchenholz bestehend« bedeutet. Das Holz der Hagebuche, die meist Hainbuche heißt, gilt als besonders grob und knorrig. Manchmal liegt die Waldherkunft jedoch auf der Hand: Befindet man sich auf dem Holzweg, dann ist man im Irrtum und das deswegen, weil ein Holzweg ein Waldweg war, der dem Abtransport von geschlägertem Holz diente, aber nicht unbedingt zur nächsten Siedlung führte. Wenn man hingegen etwas auf dem Kerbholz hat, hat man sich etwas zu-

schulden kommen lassen, was von dem bis ins 18. Jahrhundert im Handel gebräuchlichen Kerbholz kommt, auf dem Lieferungen, Leistungen und eben auch Schulden abgerechnet wurden – und zwar durch Einkerbung in einen hölzernen Stab. »In dieselbe Kerbe schlagen« – sprich: die gleiche Meinung vertreten – bezieht sich hingegen aufs händische Fällen von Bäumen: Am schnellsten fallen diese, wenn die Holzfäller immer wieder in dieselbe Kerbe hacken.

Das Erbe der Jägersprache

Hält man mit etwas hinter dem Busch, so hält man sich mit einer Äußerung zurück. Ebenso hielten sich – und daher kommt die Redensart – früher im Buschwerk Wegelagerer versteckt. Klopft man auf den Busch und versucht so, etwas zu erfahren, ist man mitten im Jägermilieu, dem unser Sprachschatz viel verdankt: Man schlägt aufs Gebüsch, um ein Tier aufzuscheuchen. Manchmal geht es dem Jäger durch die Lappen. Denn bei der Treibjagd spannte man Schnüre mit bunten Stofffetzen, um das Wild einzukreisen und ihm bestimmte Fluchtwege zu versperren. Und dann sind da noch Eichhörnchen, Purzelbaum und Spaltpilz, die wortgeschichtlich etwas ganz anderes sind, als sie zu sein scheinen: Der Spaltpilz als Störenfried ist trotz seiner Sprengkraft keine Wortschöpfung der Atomphysik, sondern eine veraltete Bezeichnung für ein Bakterium, das sich durch Teilung fortpflanzt oder – laut einer Deutung von Karl Kraus – eine Stilblüte, die darauf basiert, dass er »zum Spalten des Holzes verwendet« wurde. Das Eichhörnchen wiederum hat gar nichts mit Eichen zu tun, sondern mit der indogermanischen Wortwurzel aig, die »sich heftig bewegen« bedeutet. Und der Purzelbaum steht dem Bären näher als dem Baum: »Purzel« hat sich aus dem spätmittelhochdeutschen burzeln für »hinfallen« entwickelt; die Silbe »baum« kommt von »aufbäumen« im Sinn von »aufrichten« und wurde wohl von Jägern über Bären gesagt, die sich an Bäumen aufrichten. Ein Purzelbaum beschreibt also präzis einen »Hinfaller-Aufrichter«.

Bergahorn

Acer pseudoplatanus · Ahorngewächse

Namenskunde: Bergahorn **Volksnamen:** Fladerbam (Oberösterreich), Tellerbam (südliche Oststeiermark), Löffelbam (Oststeiermark)

Botanisches

Der Bergahorn ist ein sommergrüner Baum mit geradem, kräftigem Stamm, graubraunschuppiger Rinde und breiter, runder Krone. Mit bis zu 35 m Höhe ist er die größte heimische Ahornart. Die anderen sind: Feldahorn *(Acer campestre)* und Spitzahorn *(Acer platanoides)*. Der Bergahorn kann bis zu 500 Jahre alt werden. Die mattgrünen Blätter sind typisch fünflappig, etwas weniger spitz zulaufend als beim Spitzahorn und verfärben sich im Herbst goldgelb. Seine Borke wird mit den Jahren schuppig und blättert in Stücken ab. Bergahorn liebt tiefgründige, humose Böden in kühl-feuchten (Hang-)Lagen. Er ist ein Laubbaum mittlerer Bergregionen, wo er die Rotbuche als Humusbildner ablöst.

Geschichte & Geschichten

Die zweiflügeligen Ahorn-Spaltfrüchte, die im Herbst reifen und von Winden mitgetragen werden, sind perfekte Kreiselpropeller. Ihr Bau und ihre Flugeigenschaften dienten Ingenieuren als Vorlage für den Propellerbau. Wie noch heute beim kanadischen Zuckerahorn wurde früher der Saft von angezapften heimischen Ahornbäumen zur Sirupgewinnung verwendet – allerdings ein kaum rentables Geschäft.

Volksglaube & Volksmedizin

Bei Insektenstichen wirken aufgelegte frische Ahornblätter kühlend und abschwellend. Ob man jedoch mit Ahorntrieben Maulwürfe von Beeten fernhalten kann und durch Berühren der Zweige Kopfschmerzen verschwinden, muss jeder selbst herausfinden.

Holz

Sein sehr hartes weißlichgelbes Holz ohne sichtbare Poren wird im hochwertigen Möbel- und Instrumentenbau gerne verwendet. Speziell bei Violinen ist das teure Riegelahornholz, das eine gewellte Maserung hat und nur beim Bergahorn vorkommt, weit verbreitet. Bergahorn gilt als gutes Schnitz- und Drechselholz.

Bergulme

Ulmus glabra · Ulmengewächse

Namenskunde: Bergulme, Weißrüster **Volksnamen:** Fliagnbam (Niederösterreich), Leimbam (Niederösterreich, Oberösterreich), Rustn (Niederösterreich, Oberösterreich, Steiermark)

Botanisches

Die Bergulme ist ein stattlicher, bis zu 30 m hoher Baum mit geradem Stamm und ausladender Krone, der bis zu 400 Jahre alt wird. Die großen eiförmigen Blätter sind asymmetrisch, die glatte graubraune Rinde wird im Alter längsrissig. Auffallend sind die schon im Mai reifenden Büschel von geflügelten Nüsschen. Die Bergulme ist die in Mitteleuropa häufigste Ulmenart und auch ein häufiger Parkbaum. Andere heimische Arten sind die Feldulme *(Ulmus minor)* und die Flatterulme *(Ulmus laevis)*.

Geschichte & Geschichten

Der feine Bast der Ulmenrinde wurde früher als Bind- und Flechtmaterial sehr geschätzt und auch zu Seilen verarbeitet. Ulmenlaub wurde ans Vieh verfüttert, die frischen Blätter und grünen Früchte als Salat gegessen. Ulmen sind heute in Europa und Nordamerika stark gefährdet: Das durch einen Pilz verursachte Ulmensterben hat den Bestand seit den 1920er-Jahren dramatisch dezimiert, besonders betroffen ist die Feldulme.

Volksglaube & Volksmedizin

Die nordisch-germanische Sagensammlung der »Edda« erzählt von der Entstehung der Frau aus einem Ulmenstamm. In der Antike war die Ulme ein Symbol für Trauer und Tod. Die Volksmedizin kennt die ausgekochten Schleimstoffe der Ulmenrinde als Mittel gegen Brandwunden, Entzündungen und Ekzeme. Hildegard von Bingen empfahl Gichtkranken die Heilwirkung eines wärmenden Ulmenholzfeuers.

Holz

Es ist ein sehr hartes, alterungsbeständiges und stabiles Holz, das sich besonders für den hochwertigen Möbelbau eignet. Ulmenholz besitzt einen warmen goldgelben Farbton, der je nach der Bodenzusammensetzung im Wuchsgebiet beispielsweise grünlicher oder rötlicher sein kann. Als das wertvollste gilt das goldig schimmernde Goldrüster-Holz.

Birke

Betula pendula · Birkengewächse

Namenskunde: Hänge-, Weiß-, Sand- oder Warzenbirke
Volksnamen: Bes'nholz (Niederösterreich), Rutenbam (Salzkammergut)

Botanisches
Typisch für diesen sommergrünen Baum sind der sehr schlanke, elegante Wuchs und die lockere Krone. Die Birke wird bis zu 25, maximal 30 Meter hoch. Die Rinde ist strahlend weiß mit quer gestellten Korkwarzen, an der Basis im Alter schwarz rissig. Die Blüten sind schmale, hängende Kätzchen. Die rautenförmigen hellgrünen Blätter verfärben sich im Herbst zu leuchtendem Gelb. Junge Birken wachsen sehr schnell. Sie werden zumeist nicht älter als 60 bis 80 Jahre, lieben es sonnig und wachsen auf kargen, oft sauren Böden.

Geschichte & Geschichten
Den Völkern Nordosteuropas gilt die Birke als *der* Frühlingsbaum. Ihr alter Name »Mai« verweist auf viele Mai-Bräuche, in denen sie eine Rolle spielt. Die weiße Birkenrinde wurde früher als Schreibpapier verwendet. Jagdstiefel aus gegerbtem Juchtenleder, das mit Birkenteeröl gegerbt wurde, gelten als besonders robust und langlebig. Auch Ötzi, die Gletschermumie vom Tiroler Hauslabjoch, trug zwei Gefäße aus Birkenrinde bei sich.

Volksglaube & Volksmedizin
Uralt ist der weitverbreitete Aberglaube, wonach Birkenzweige Mensch und Tier verlässlich vor Krankheit, Unglück und bösen Geistern schützen. Auch das Schlagen mit Birkenruten in der finnischen Sauna hat hier seinen Ursprung. Was tatsächlich hilft: Das zuckerhaltige Birkenwasser aus den angebohrten Stämmen dient im Frühling als blutreinigende Trinkkur. Und Birkenblättertee wirkt schweiß- und harntreibend.

Holz
Das helle grau-gelbliche Holz ist mittelhart, feinporig, zäh und dicht. Es wird oft für schöne, hochwertige Sperrholzplatten verwendet und hat einen hohen Heizwert. Aus den Zweigen der Birke werden Besen hergestellt.

Buche

Fagus sylvatica · Buchengewächse

Namenskunde: Rotbuche, Buche **Volksnamen:** Bucherin (Oststeiermark), Blutbaum (Innsbruck), Waldbuachn (Kamptal)

Botanisches
Der sommergrüne, dicht belaubte Baum kann mehr als 40 Meter hoch und 300 Jahre alt werden. Die silbrig-graue Rinde ist auffallend glatt, der Stamm lang und gerade.
Die gestielten Blätter sind eiförmig, hell- bis dunkelgrün und in ihrer Jugend am Rand leicht behaart. Unverkennbar sind die Fruchtstände, die im Oktober reifen. Sie sind vierklappige, leicht stachelige Fruchtbecher mit samtiger Innenseite, die aufspringen und die dreieckigen Bucheckern fallen lassen, aus denen im folgenden Frühjahr neue Buchenkeimlinge entstehen. Alle fünf, sechs Jahre ist der Fruchtertrag bei Buchen schubartig erhöht.

Geschichte & Geschichten
Buchen sind die häufigsten heimischen und mitteleuropäischen Laubbäume. Wo sie stehen, ist für guten Waldboden gesorgt. Die abgefallenen Buchenblätter sind die besten Humusbildner. In vielen alpinen Gegenden wurde Buchenlaub früher gesammelt und anstelle von Stroh als Stallstreu verwendet. Mitte des 19. Jahrhunderts entwickelte Michael Thonet ein Verfahren zum Biegen von Buchenholzstäben unter heißem Wasserdampf und legte damit die Grundlage für die weltberühmten Wiener Thonet-Möbel.

Volksglaube & Volksmedizin
Die weit verbreitete Überzeugung, dass man bei Gewittern unter Buchen Schutz suchen soll (»Buchen sollst du suchen, Eichen sollst du weichen«), ist leider falsch. Sie sind nicht weniger blitzgefährdet als andere Bäume, die Einschläge werden durch die glatte Buchenrinde nur besser abgeleitet und hinterlassen weniger Spuren.

Holz
Das hellbraune Holz mit leicht rötlichem Einschlag ist eines der härtesten heimischen Hölzer – besonders geeignet für stark strapazierte Gebrauchsmöbel, aber auch für die Sperrholzerzeugung. Buche ist auch das beste, weil energiereichste Brennholz.

Eberesche

Sorbus aucuparia · Rosengewächse

Namenskunde: Gewöhnliche Eberesche, Vogelbeere
Volksnamen: Faulbeere, Schmeckerbeerbaum (Niederösterreich), Zarfenbaum (Steiermark), Moschn (Tirol)

Botanisches

Die Eberesche ist ein kleiner, weitverbreiteter, sehr anpassungsfähiger Baum bis zirka 16 Meter Höhe, mit glatter, grauer bis rötlich-brauner längsrissiger Rinde und runder Krone, der oft mehrstämmig wächst. Man findet ihn mitunter bis auf 2.000 Meter Seehöhe. Die gefiederten hellgrünen Blätter verfärben sich im Herbst zu leuchtendem Gelborange und Rot. Aus den flachen Rispen mit weißen Blüten entwickeln sich im Spätsommer dichte Büschel von erbsengroßen hellroten Früchten.

Geschichte & Geschichten

Ebereschenblüten und die Beeren versorgen viele Vögel, Insekten und kleine Tiere mit Nahrung. Beim Vogelfang dienten die Früchte früher auch zum Anlocken der Vögel. Von daher kommt der Name »Vogelbeere«. Der Name »Eberesche« hingegen geht auf ihre ehemalige Nutzung beim Mästen von Schweinen zurück. Roh gegessen, verursachen die Vitamin-C-reichen Vogelbeeren bei Menschen Übelkeit, gekocht hingegen ergeben sie köstliche herb-säuerliche Marmeladen, die gut zu Wild passen.

Volksglaube & Volksmedizin

Dem blitzeschleudernden germanischen Gott Thor, so berichtet die »Edda«, rettete eine Eberesche das Leben.
Als Schutzbaum und Abwehrzauber (z.B. gegen Blitzschlag) ist sie fest im Volksglauben verankert. Die Naturheilkunde kennt die Eberesche als Heilmittel zur Schleimlösung, Verdauungsförderung und Entwässerung.

Holz

Das Splintholz der Eberesche ist hellgelb bis rötlich, das Kernholz rötlich-hellbraun, mittelhart und oft sehr schön gemasert. Es eignet sich gut als Drechsler- und Tischlerholz, das elastische Splintholz ist bei Schnitzkünstlern sehr beliebt.

Edelkastanie

Castanea sativa · Buchengewächse

Namenskunde: Esskastanie, Edelkastanie, Marone
Volksnamen: Kestenbam (Steiermark), Maronibam (Oberösterreich)

Botanisches

Die Edelkastanie ist ein wärmeliebender Baum mit einer Vorliebe für saure Böden. Der kurze Stamm ist oft drehwüchsig, die Krone breit. Er gedeiht überall dort gut, wo es auch Weinbau gibt. Edelkastanien können, vor allem im Süden, mehrere hundert Jahre alt und über 30 m hoch werden. Ihre glänzend grünen, länglichen Blätter haben auffallend gezahnte Ränder, die braungraue Rinde zeigt tiefe Längsrisse. Die Früchte sind von einer stacheligen Hülle umgeben, die zur Reifezeit aufplatzt und den Blick auf zwei bis drei glänzend braune Maroni freigibt.

Geschichte & Geschichten

In manchen Gegenden Südeuropas spielte die Esskastanie bis ins 19. Jahrhundert die Rolle des wichtigsten bäuerlichen Brotbaums. Die Blüten liefern herrlich bernsteinfarbenen Honig, die Blätter können an Schweine verfüttert oder zum Stofffärben verwendet werden. Die Maroni selbst enthalten weniger Fett und Eiweiß als andere Nüsse, dafür aber jede Menge Stärke, Mineralstoffe, Spurenelemente, Vitamin B und E. Ihr Nährwert ist gewaltig: 100 Gramm haben 170 Kilokalorien. Schon Hildegard von Bingen schrieb: »*Und wenn das Gehirn durch Trockenheit leer ist und daher im Kopf schwach wird, koche die Früchte in Wasser. Er soll sie oft nehmen...und sein Gehirn wächst und wird wieder gefüllt, und seine Nerven werden stark.*«

Volksmedizin

Die getrockneten Blätter sind ein wirksames Mittel gegen Bronchitis und Keuchhusten. Alle, die unter einer Getreideunverträglichkeit leiden, können die glutenfreien Maroni als Getreideersatz verwenden.

Holz

Edelkastanienholz ist im Splint heller, im Kern dunkler goldbraun. Es ist witterungsbeständig und gut zu spalten. Traditionell wird es als Bau-, Möbel- und Brennmaterial, für Fassdauben und für Rebpfähle verwendet.

Elsbeere

Sorbus torminalis · Rosengewächse

Namenskunde: Elsbeere **Volksnamen:** Arlitze, Adletsbeere (Niederösterreich, Steiermark), Elsbaum (Weinviertel), Ruhrbeer, Grimmbeer (Niederösterreich)

Botanisches

Elsbeeren sind wärmeliebende, 10 bis 15 Meter hohe Bäume mit dichter, runder Krone. Oft wachsen sie auch nur strauchartig. Die graubraune Rinde ist kleinschuppig. Die Blätter sind ähnlich gelappt wie Ahornblätter und verfärben sich im Herbst leuchtend orangegelb und rot. Die weiß blühenden Schirmrispen reifen ab Oktober zu ungefähr 1,5 Zentimeter langen, eiförmigen braunen Früchten von mehlig-teigiger Konsistenz. Häufig stehen Elsbeeren in Gesellschaft von Eichen und Dirndln.

Geschichte & Geschichten

Freistehende Elsbeerbäume sind typisch für die hügelige Landschaft des niederösterreichischen Wiesenwienerwalds. Dort gibt es auch einen Verein, der sich dem Erhalt und der Pflege der rar gewordenen Wildfruchtbäume verschrieben hat. Aus den mehligen Elsbeeren mit ihrem süßsauren Geschmack und dem leichten Marzipanaroma lassen sich gute Marmeladen und noch besserer Schnaps machen. Wegen seiner Maßhaltigkeit wurde Elsbeerholz früher oft für Lineale und die mechanischen Teile von Messgeräten und Klavieren verwendet.

Volksmedizin

Das lateinische *torminalis* (*tormina* = Bauchschmerzen) im botanischen Namen verrät es schon: Elsbeeren mit ihrem hohen Gerbstoffgehalt sind ein uraltes Volksheilmittel bei Koliken, Durchfall, Ruhr oder Verdauungsstörungen.

Holz

Das Holz der Elsbeere ist ein hartes, zart rötlich-beiges, warmfarbiges Holz, ähnlich dem Birnholz. Daher wird es auch »Schweizer Birne« oder »Französische Birne« genannt. Es ist ein gesuchtes Möbel- und Furnierholz. In jüngster Zeit erzielt gleichmäßig gewachsenes Elsbeerholz Spitzenpreise, die über denen für Nuss- oder Kirschholz liegen. Es ist ein hochwertiges Drechsler- und Schnitzholz, auch für Flöten und Pfeifen.

Erle

Alnus glutinosa · Birkengewächse

Namenskunde: Erle, Schwarzerle, Roterle **Volksnamen:** Erlbam, Würschtlbam (Niederösterreich), Erling (Oststeiermark)

Botanisches

Erlen werden nicht älter als 120 Jahre und stehen, weil sie feuchte Standorte bevorzugen, häufig in der Nähe von Seen und Flüssen. Sie wachsen rasch und oft mehrstämmig auf bis zu 20, 25 m Höhe. Die schwarzbraune Rinde ist – vor allem im Alter – längsrissig. Die dunkelgrünen, eiförmig-rundlichen Blätter verfärben sich im Herbst nicht. Die Früchte der Erle sind kleine, rundliche Holzzäpfchen, in denen winzige, schwimmfähige Samen sitzen. Andere heimische Art: Weißerle *(Alnus incana)*.

Geschichte & Geschichten

Erlenborke wurde früher zum Schwarzfärben verwendet, daher Schwarzerle. Der Name Roterle hat damit zu tun, dass sich das frische Holz beim Schlagen zunächst orangerot einfärbt. Allergiker haben ihre liebe Not mit Erlenpollen, die ihnen oft Hand in Hand mit Birken- und Haselpollen zu schaffen machen. Erlen werden häufig zur Uferbefestigung gepflanzt. Seit 1996 sind die heimischen Bestände durch einen Pilz gefährdet, der Wurzelhalsfäule verursacht und die Bäume absterben lässt.

Volksglaube & Volksmedizin

In den Zweigen von Erlen wohnen seit jeher allerlei oft unheimliche Geisterwesen. Auch Goethes »Erlkönig« hat seinen Ursprung in diesem alten Volksglauben. Umgekehrt schützen Erlenzweige auch vor dem Bösen. Gerbstoffhaltige Heilmittel aus Erlenrinde eignen sich zur äußerlichen Behandlung von Wunden, Beulen und Geschwüren, aber auch zum Gurgeln bei Angina oder Zahnfleischbluten.

Holz

Früher galt das weiche, feinporige, sehr feuchtigkeitsbeständige Holz als billig, es wurde eher als Blind- denn als Sichtholz verwendet. Durch die Biowelle ist das Holz mit dem warmen rötlich-braunen Farbton speziell im Massivmöbelbau modern geworden. Gut geeignet ist es auch für Wasserbauten.

Esche

Fraxinus excelsior · Ölbaumgewächse

Namenskunde: Gewöhnliche oder Hohe Esche **Volksnamen:** Eschling (Salzburg, Oberösterreich), Goasbam (Niederösterreich), Ogschpoita (Niederösterreich, Steiermark, Kärnten)

Botanisches

Mit ihren 40, 45 m Höhe gehört die anpassungsfähige Esche zu den höchsten Laubbäumen. Man findet sie vom Auwald bis ins Gebirge. Sie wächst breit und ausladend und wird rund 200 bis 250 Jahre alt. Ihre charakteristischen Blätter sind bis zu 40 cm lang und bestehen aus vier bis sechs Paaren schmaler Fiederblättchen. Die in dichten Büscheln stehenden Früchte sehen aus wie einflügelige Propeller. Die graue Rinde ist rautenförmig gefurcht.

Geschichte & Geschichten

Eschen waren die wichtigsten bäuerlichen Laubfutterbäume. Ziegen, Schafe, Rinder und Schweine lieben ihre getrockneten Blätter als Zugabe zum Winterfutter. Das Schneiteln – also der Laubschnitt – macht den Bäumen nichts aus.
Seit jeher wurden aus dem zähen, biegsamen Eschenholz Speere, Axtstiele und Bögen gemacht, später auch Eisenbahnsitze, Ski und sogar die ersten Karosserien. Leider verursacht ein ostasiatischer Pilz seit Jahren ein europaweites Eschensterben.

Volksmedizin

Die Esche ist eine uralte Heilpflanze. Blätter und Rinde wirken schmerzstillend und entzündungshemmend. Frische Rinde wurde auf Wunden aufgelegt, getrocknete Rinde als Wurm- und Fiebermittel verwendet, Gichtkranke wurden mit Umschlägen aus gekochten Blättern behandelt. Eschenlaub nährt als Winterfutter Stalltiere und hält sie gesund.

Holz

Eschenholz ist normalerweise ein durchgehend graugelbliches Holz mit intensivem, schönem Porenbild. Es gibt auch Oliveschen mit grünlicher Kernmaserung und Brauneschen mit braunem Kern. Es ist das zäheste und elastischste aller Hartholzarten. Wagner haben einst fast nur Eschenholz verwendet. Bis heute werden Werkzeugstiele daraus gemacht. Es ist ein wichtiges Konstruktionsbauholz für Türen und Möbel.

Hainbuche

Carpinus betulus · Birkengewächse

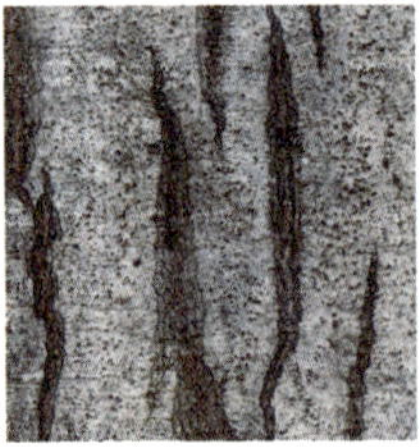

Namenskunde: Hainbuche, Weißbuche **Volksnamen:** Stoanbuachn (Nieder- und Oberösterreich, Kärnten, Tirol), Waissbuachn, Hagenbuachn (Nieder- und Oberösterreich, Steiermark)

Botanisches

Die Hainbuche ist ein maximal 20 Meter hoher, oft mehrstämmiger Baum oder ein großer Strauch. Ihr etwas helleres Holz und die eiförmigen Blätter ähneln denen der Rotbuche (daher auch Weißbuche); die Rinde ist silbrig-weißgrau und längsrissig; die Blüten sind hängende schmale Kätzchen. Hainbuchen bevorzugen frische, nährstoffreiche Böden, treten häufig in Gemeinschaft mit Eichen auf und sind beliebte Park- und Heckenbäume.

Geschichte & Geschichten

Die »Hoanbuachanen« sind im Oberösterreichischen die ganz harten, zähen, aber auch dickschädeligen Menschen. Über Jahrhunderte wurden die jungen Triebe von Hainbuchen in bäuerlichen Gegenden abgeschnitten, getrocknet und im Winter als Futter verwendet. Für undurchdringliche Wehrhecken, wie man sie im Dreißigjährigen Krieg häufig anlegte, verwendete man neben Brombeeren oder Heckenrosen vor allem Hainbuchen.

Volksglaube & Volksmedizin

Der Schlaf im Hainbuchenschatten galt schon im Mittelalter als besonders gesund. Ein kleines Stück ihres Holzes in der Tasche soll bei der Abwehr böser Geister helfen, ein Absud aus grünen Hainbuchenzweigen mit Milch, Mehl und Eiern bei unerfülltem Kinderwunsch. In den Ruf der Fruchtbarkeitsförderung kam die Hainbuche wohl, weil sie nach Rückschnitten unermüdlich neue Triebe ansetzt.

Holz

Das gelblich-hellbraune Holz der Hainbuche ist das härteste heimische Holz. Es ist sehr dicht, gleichmäßig und kaum sichtbar gemasert. Es wird im Möbel- und Werkzeugbau für mechanisch besonders beanspruchte Teile verwendet, ebenso für Hackstöcke, Hackbretter oder Klavierhämmer.

Holzbirne

Pyrus pyraster · Rosengewächse

Namenskunde: Holz-, Wildbirne, Holzbirnbaum
Volksnamen: Böhnlbirbam (Niederösterreich), Putzer (Eisacktal, Südtirol)

Botanisches
Wie alle Wildobstbäume werden auch Holzbirnen selten älter als 100 Jahre. Sie sind bis zu 20 m hohe Bäume mit oft kegelförmiger Krone, glänzend dunkelgrünen, eiförmigen Blättern, graubrauner Schuppenborke und kugeligen, etwa 5 cm großen Früchten. Kulturbirnen entstanden aus der Kreuzung der heimischen Holzbirne mit osteuropäischen und westasiatischen Wildarten.

Geschichte & Geschichten
Unsinniges tut, wer – gemäß einer Redensart – »Birnen auf Buchen sucht«. Holzbirnen sind im Vergleich zu den mehr als 1.500 Kultursorten, die seit der Bronzezeit entstanden sind, wenig genießbar. Das Bindeglied zwischen Holz- und Kulturbirne stellen die Mostbirnen dar, die zu Obstsäften gepresst und zu Most vergoren, aber nicht gegessen werden. Im niederösterreichischen Mostviertel prägen diese Bäume die Landschaft. Früher waren Zeichendreiecke und Modeln fürs Stoffdrucken und Backen meist aus Birnholz. Durch die Sagensammlung der Brüder Grimm erlangte »Der Birnbaum auf dem Walserfelde« bei Salzburg legendenhafte Berühmtheit.

Volksglaube & Volksmedizin
Viele Birnen an den Ästen deuten auf die Geburt vieler Mädchen hin; ein Birnbaum neben dem Stall beschert Haus, Hof und Vieh Fruchtbarkeit und Gesundheit. Dass die Holzbirne mancherorts Putzer heißt, verdankt sie dem Umstand, dass ihre gerbstoffigen Früchte den Darm reinigen. Ein Klassiker des volksmedizinischen Repertoires sind Einreibungen mit Birnschnaps und Arnika.

Holz
Birnbaumholz ist ein sehr dichtes, hartes, fein gemasertes Holz von hell rötlich-brauner Farbe. Es wird für hochwertige Furniere verwendet, außerdem für den Instrumentenbau – vor allem für Blockflöten. Auch Schnitzer, Bildhauer und Drechsler arbeiten oft mit Birnholz.

Linde

Tilia cordata · Lindengewächse

Namenskunde: Winterlinde **Volksnamen:** Bastbam (Wien, Steiermark)

Botanisches

Die Winterlinde wird bis zu 30 m hoch, mit mächtiger Krone und kurzem Stamm, hat herzförmige Blätter und Büschel von kleinen gelblichen Blüten, die mit einem zungenförmigen Deckblatt verwachsen sind. Die glatte Rinde bekommt im Alter Längsfurchen. Die Linde kann bis zu tausend Jahre alt werden. Die Sommerlinde *(Tilia platyphyllos)* wird noch mächtiger, blüht zwei Wochen früher (Ende Juni) und hat größere, samtige Blätter.

Geschichte & Geschichten

Wie einen Schirm breitet die Linde ihr Laubdach aus. Wenn sie blüht, taucht sie ihre Umgebung tagelang – ganz besonders abends und nachts – in einen betörenden, honigsüßen Duft, der Bienen und Nachtfalter in Scharen anzieht. Linden sind traditionelle Hof- und Dorfbäume, unter denen gesessen, gesungen, getanzt und zu Gericht gesessen wurde. Bis heute finden sich an zentralen Plätzen uralte Linden. Aus Lindenbast machte man Seile, Matten, Bienenkörbe oder Sattelzeug. Vom Parken unter sommerlichen Linden ist abzuraten: Der von Lindenzierläusen abgeschiedene Honigtau bleibt auf Autos als schmutzig-klebriger Belag zurück. Abwaschen lässt sich der Zuckersaft nur schlecht.

Volksglaube & Volksmedizin

Linden, so heißt es, vertragen kein Unrecht. Sie stehen für langes Leben, Weisheit, Liebe und Gerechtigkeit. Es soll auch in ihrer Macht stehen, vor Gewittern zu schützen. Unter Linden gegebene Versprechen zählen doppelt.Und Lindenblütentee ist das beste Hausmittel, um fiebrige Erkältungen auszuschwitzen.

Holz

Das weiche, dichte weißliche Lindenholz ist perfekt für Schnitzarbeiten und die Holzbildhauerei. Das Mittelalter kannte es als *lignum sacrum*, heiliges Holz, weil viele christliche Kunstwerke daraus gemacht wurden.

Nussbaum

Juglans regia · Walnussgewächse

Namenskunde: Nussbaum, Echte Walnuss, Walnussbaum
Volksnamen: Walisch, Welsche Nussn (Kärnten, Weststeiermark), Welschnuss (Niederösterreich)

Botanisches

Walnüsse sind bis zu 30 m hohe Bäume mit runder Krone, die kaum älter als 150 Jahre werden. Die graubraune Rinde ist korkig und rissig. Die Blätter treiben erst Ende Mai aus. Sie bestehen aus einer dünnen Spindel, an der mehrere eiförmig-längliche Fiederblätter sitzen. Die hartschaligen Walnüsse sind von einer grünen Fruchtschale umgeben, die zur Reife im Frühherbst braun wird und aufplatzt. Nussbäume lieben es warm und sonnig.

Geschichte & Geschichten

Im Volksmund heißt es von unehelichen Kindern, sie seien vom Nussbaum gefallen. Hier werden natürlich unverblümt Hoden mit Nüssen gleichgesetzt, welche ohnehin im Ruf stehen, die Manneskraft zu steigern. Tatsächlich sind sie extrem reich an Fetten, Mineralien und Vitaminen. Zu 50 bis 65 Prozent bestehen die von den »Welschen« – also den Italienern – kommenden Nüsse aus Öl. Früher wurde dieses für die Ölmalerei verwendet. Aus Walnussblättern und -schalen gewann man dunkle Beize. Manchen Sonnenölen sind bis heute Nussschalenextrakte zugesetzt.

Volksglaube & Volksmedizin

Hartnäckig hält sich der Glaube, dass in guten Nussjahren besonders viele Buben geboren werden. Gesicherter ist da schon der Nutzen der Walnuss als Hofbaum, dessen herber Geruch Gelsen und Fliegen auf Abstand hält. Das Einreiben der Haut mit Walnussblättern ersetzt jeden chemischen Insektenschutz.

Holz

Nussholz ist hart, dicht und porenfrei. Das dunkelste heimische Holz ist auch eins der teuersten und kann viele Nuancen von Graubraun bis zu dunklem Rotbraun zeigen. Die intensive, oft geflammte Maserung macht es zu einem wertvollen Möbelholz, speziell für Intarsien oder Furniere, aber auch für Gewehrschäfte teurer Waffen.

Pappel

Populus sp. · Weidengewächse

Namenskunde: Schwarzpappel *(P. nigra)*, Silber- oder Weißpappel *(P. alba)*, Zitterpappel, Espe oder Aspe *(P. tremula)* **Volksnamen:** Wassabam (Niederösterreich)

Botanisches

Pappeln sind die schnellwüchsigsten heimischen Bäume. Die Rinde der Silberpappel, die bis zu 40 Meter hoch wird, ist weißgrau, die Blätter sind oben dunkelgrün, an der Unterseite mattweiß. Die Kronenformen der drei heimischen Arten unterscheiden sich stark, daneben gibt es viele Zuchtformen, deren bekannteste die Säulen- oder Pyramidenpappel *(P. nigra ›Italica‹)* mit ihren aufrecht nach oben wachsenden Ästen ist. Die Stiele der dreieckigen Blätter von Schwarz- und Zitterpappel sind seitlich zusammengedrückt. Ihre reifen Samen haben eine Art wolligharigen Schopf. Bei der Schwarzpappel ist die Rinde dunkelgrau und längsrissig.

Geschichte & Geschichten

Als es noch kein Plastik gab, machte man Gebrauchsgegenstände, die leicht, aber nicht zerbrechlich sein sollten, aus Pappelholz – z.B. Maurertröge oder Holzpantoffeln. Die Redewendung »zittern wie Espenlaub« kommt daher, dass Espenblätter schon beim kleinsten Lufthauch in Bewegung geraten. Das hat damit zu tun, dass ihre langen Blattstiele seitlich zusammengedrückt sind, wodurch der Wind sie leicht erfasst. Wenn die haarigen Flugsamen der Pappeln reif sind, liegen oft große Haufen von »Pappelwolle« am Boden oder fliegen wie dicke Schneeflocken durch die Luft.
Übrigens: Die Raupen vieler Schmetterlinge leben in Espen.

Volksmedizin

Die aus den klebrigen Blattknospen hergestellte »Pappelsalbe«, ist ein altes Mittel der Volksmedizin zur Behandlung von Wunden, Verbrennungen oder Gelenksschmerzen.

Holz

Das weißlich-graue, langfasrige Pappelholz ist sehr weich, leicht und zäh. Es wird für Obst- und Verpackungskisten sowie für Zündhölzer verwendet. Das meiste Pappelholz geht in die Sperrholz-, Spanplatten- und Zelluloseproduktion.

Platane

Platanus x hispanica · Platanengewächse

Namenskunde: Ahornblättrige, Gewöhnliche oder Bastard-Platane
Volksnamen: Blatana (Wien, Niederösterreich)

Botanisches
Bastard-Platanen sind 20 bis 30 Meter hohe Bäume mit ausladender Krone und meist fünflappigen Blättern, die den Ahornblättern ähnlich sind. Sie haben eine sehr auffallende hell- bis dunkelbraune oder -graue Rinde, die sich in unregelmäßig großen, dünnen Platten ablöst. Die kugeligen Fruchtstände wachsen einzeln oder zu zweit an langen, hängenden Stielen und bleiben oft den Winter über am Baum. Platanen können mehrere hundert Jahre alt werden und sind ideale Bäume für die Stadt: anpassungsfähig, anspruchslos und gut geeignet für Formschnitte.

Geschichte & Geschichten
Die in Europa häufigste Platanenart entstand um 1670 als spontane Kreuzung zwischen der winterharten nordamerikanischen Platane *(P. occidentalis)* und der schöneren südosteuropäischen Platane *(P. orientalis)*. Andere Laubbäume mögen Landeier sein, die ahornblättrige Platane ist eine echte Stadtbewohnerin. Robust, dekorativ und ziemlich schadstoffresistent eroberte sie rasch städtische Parkanlagen und Alleen. Im Wald wächst sie nicht. Wer kann, hüte sich vor dem »Platanenhusten«, ausgelöst durch sternförmige Härchen auf den jungen Blättern, die sich beim Austreiben ablösen und in die Atemwege gelangen können.

Volksglaube
Bei den alten Griechen und Römern galt die Platane *(P. orientalis)* als Baum der Gelehrsamkeit. Sokrates und Hippokrates unterrichteten im Schatten von Platanen. In der christlichen Symbolik wurde sie zum Sinnbild für Nächstenliebe und göttliche Fürsorge.

Holz
Das harte Platanenholz hat einen weißlichen Splint und einen rötlich-braunen Kern. Es wird als Furnierholz und für Drechslerarbeiten verwendet. Außerdem ist es ein gutes Brennholz.

Robinie

Robinia pseudoacacia · Schmetterlingsblütler

Namenskunde: Robinie, Falsche Akazie, Scheinakazie **Volksnamen:** Akazibam (Wien, Niederösterreich, Steiermark), Christusdorn (Steiermark)

Botanisches

20 bis 25 Meter hoch wird dieser anspruchslose Baum mit lockerer, unregelmäßiger Krone, langem, oft drehwüchsigem Stamm und graubrauner Rinde mit netzartigen Furchen. Die Robinien lieben Wärme und blühen üppig in weißen, stark duftenden Trauben. Die Blätter sind aus vielen kleinen Fiedern zusammengesetzt. Die jungen Äste sind oft dornig, die Samen sitzen in ledrigen Hülsen. Alle Pflanzenteile sind für Menschen stark giftig.

Geschichte & Geschichten

Der französische Hofgärtner Jean Robin (1550–1629) brachte die auch nach ihm benannte Robinie im frühen 17. Jahrhundert aus Nordamerika nach Europa. Auch wenn sie seit 400 Jahren in Europa heimisch sind und stark genutzt werden, gelten verwilderte Robinien für Experten als invasive Problempflanzen, die die Artenvielfalt bestimmter Standorte bedrohen. Früher wurden Stollen oft mit Robinienpfosten abgestützt. Eine Art Frühwarnsystem, denn die Pfosten knackten beizeiten und zeigten so an, dass ein Stollen einzustürzen drohte.

Volksmedizin

Eine Essenz aus Robinienblüten wird in der Homöopathie zur Behandlung von Migräne und Sodbrennen verwendet.

Holz

Robinienholz ist äußerst hart, elastisch und witterungsbeständig. In seiner Unverwüstlichkeit ist es vergleichbar mit Eichenholz. Es ist gut geeignet als Wagner- und Drechslerholz, im Bootsbau, für Pfähle, Pfosten und Fässer, für Furniere und Böden sowie jede Art von Holzaußenbau. Die Farbe variiert stark. Durch Dämpfen wird es dunkel-braun. Der Splint verfault schnell. Die Poren sind als kleine verstopfte Stiche erkennbar. Robinien sind auch sehr gut als Brennholz geeignet.

Rosskastanie

Aesculus hippocastanum · Seifenbaumgewächse

Namenskunde: Gewöhnliche oder Gemeine Rosskastanie
Volksnamen: Wülda Kestnbam (Niederösterreich, Kärnten)

Botanisches

Rosskastanien sind bis zu 30 Meter hohe Bäume mit graubrauner Schuppenborke. Ihre großen hellgrünen Blätter mit den fünf bis sieben Fiedern sind ebenso unverkennbar wie die aufrechten weißen Blütenkerzen und die stacheligen Fruchtschalen, in denen die glänzend braunen Samen sitzen. Seit etwa zwei Jahrzehnten haben Rosskastanien mit dem Befall durch Miniermotten zu kämpfen. Die Blätter werden vor der Zeit fleckig, rollen sich ein und fallen ab.

Geschichte & Geschichten

Die Heimat der Rosskastanie sind die Schluchtwälder Südosteuropas. Im 16. Jahrhundert kamen die ersten Samen auf dem Umweg über Konstantinopel nach Wien, verbreiteten sich von hier rasch über Mitteleuropa und wurden das, was sie heute noch sind: äußerst beliebte Allee-, Park- und Gastgartenbäume. Mit den Kastaniensamen basteln Kinder, und Förster verfüttern sie ans Wild. Ödön von Horváth wurde eine Rosskastanie zum Verhängnis: 1938 wurde der große österreichische Schriftsteller in Paris von einem herunterfallenden Kastanienast erschlagen.

Volksmedizin

Rosskastanienextrakte helfen bei Venenschmerzen, Krampfadern, Schwellungen und Hämorrhoiden. Auch seinen Namen soll der Baum einer früheren volksmedizinischen Anwendung der Samen als Hustenarznei für Pferde verdanken: *Die Türken nennen's Rosskastanien, darumb das sie den keichenden Rossen sehr behulfflich sindt*, heißt es in einem Kräuterbuch aus der Renaissance.

Holz

Die Rosskastanie hat ein fasriges gräulich-weißliches Weichholz, das nur geringe wirtschaftliche Bedeutung hat, weil es wenig dauerhaft ist. Verwendet wird es vor allem für Spanplatten, Sperrholz und Blindfurniere, aber auch für Verpackungskisten.

Salweide

Salix caprea · Weidengewächse

Namenskunde: Salweide, Palmweide
Volksnamen: Felberbam (Nieder- und Oberösterreich, Wien), Salcha (Tirol), Schlingbam (Unterinntal)

Botanisches

Anders als die viel stattlicheren Silberweiden *(Salix alba)* sind Salweiden große Sträucher oder kleinere Bäume mit vielen dünnen Ästen. Sie sind circa 3 bis 6 m hoch. Die Rinde ist oft netzartig gerissen, die ovalen mattgrünen Blätter sind an der Unterseite gräulichweiß. Ihre Blüten sind weichfellige hellgraue Kätzchen mit gelben Staubbeuteln, die im März und April erscheinen und vielen Insekten Nahrung bieten. Salweiden sind schnellwüchsig, anspruchslos und wachsen gern an Waldrändern.

Geschichte & Geschichten

Am Beispiel von Weiden wurde 1983 entdeckt, dass Pflanzen imstande sind, einander vor Angriffen blätterfressender Insekten zu warnen. Befallene Bäume schicken mithilfe von Botenstoffen gesunden Bäumen in ihrer Nachbarschaft quasi auf dem Luftweg Botschaften. Der gewarnte Baum reagiert, indem er seine Blätter mit Stoffen aufrüstet, die den Insekten den Appetit verderben. In die Erde gesteckte Weidenruten wurzeln sehr schnell an. Mit etwas Geschick und Flechtarbeit lassen sie sich leicht in grüne Lauben, Zäune oder Zelte verwandeln. Als »Palmkatzerln« spielen Salweidenzweige in vielen unserer Osterbräuche eine große Rolle.

Volkskunde & Volksmedizin

Schon seit dem Altertum verwendete man bittere Substanzen aus Weidenrinde, um Schmerzen zu lindern und Fieber zu senken. Die Rinde enthält große Mengen Salicylsäure, die wie ein natürliches Aspirin wirkt und als Schmerzmittel erst durch die synthetische Herstellung von Acetylsalicylsäure an Bedeutung verloren hat.

Holz

Weidenholz ist ein helles grauweißes Weichholz mit deutlich sichtbaren Jahresringen. Es ist zäh und sehr biegsam und eignet sich für Furniere, Zündhölzer und die Papier- und Zellstofferzeugung. Die dünnen Ruten sind ideal für Flechtarbeiten.

Stechpalme

Ilex aquifolium · Stechpalmengewächse

Namenskunde: Europäische oder Gewöhnliche Stechpalme, Christusdorn, Holly oder Ilex **Volksnamen:** Schradl, Schradlbam (Tirol, Ober- und Niederösterreich), Wachslaub (Unterinntal), Distlbam (Oberösterreich), Stechlaub (Vorarlberg)

Botanisches
Die immergrüne Stechpalme wächst bei uns als aufrechter pyramidenförmiger Kleinbaum oder Strauch von 3 bis 6 m Höhe. Die Rinde ist glatt und grau. Ihre ledrig-wachsigen dunkelgrünen Blätter sind meist spitzdornig gezähnt. Bei alten Exemplaren verliert sich diese Zähnung größtenteils. Aus kleinen weißen Blüten entwickeln sich im Herbst rote Beeren. Stechpalmen bevorzugen halbschattige Standorte in geschützter Lage mit humusreichem, frischem Boden.

Geschichte & Geschichten
Blätter und Früchte der Stechpalme sind giftig. 20 bis 30 Früchte gelten für Erwachsene als tödliche Dosis. Besonders heftig reagieren auch Hunde. Vögel hingegen vertragen die roten Beeren bestens und lieben sie. Interessant ist, dass die Beeren oft bis weit in den Winter am Baum bleiben und erst wenn sie überreif sind innerhalb von wenigen Tagen abgefressen werden. Im Gebiet der niederösterreichischen Voralpen war es übrigens Tradition, eine Stechpalme ins nördliche Eck eines jeden Bauerngartls zu setzen.

Volksglaube
Im Salzkammergut sind Stechpalmenzweige fixer Bestandteil von Palmbuschen. Denn in der christlichen Symbolik repräsentieren ihre Stachelblätter Dornenkrone und Passion, ihre roten Beeren das Blut Christi. Als immergrüner Baum steht *Ilex* für ewiges Leben, wappnet für die Zukunft und lässt – vor allem rund um die Jahreswende – auf Glück und Gesundheit hoffen.

Holz
Das widerstandsfähige Ilex-Holz ist bei Drechslern sehr beliebt. Schachfiguren sind häufig daraus gemacht, früher wurde es auch für Spazierstöcke und Werkzeuggriffe verwendet.

Stieleiche

Quercus robur · Buchengewächse

Namenskunde: Stiel-, Sommereiche, Deutsche Eiche
Volksnamen: Oacha, Achn (österreichweit)

Botanisches

Stieleichen, die am weitesten verbreitete Eichenart Mitteleuropas, sind mächtige, wärmeliebende Bäume mit ausladender Krone. Sie werden bis zu 40 Meter hoch, bis zu 1.000 Jahre alt, haben knorrige, manchmal meterdicke Stämme, tief gefurchte grauschwarze Rinde und lappigeiförmige Blätter mit welligem Rand. Sie wachsen am liebsten auf tiefgründigen, frischen Böden im Flachland. Die zweite wichtige heimische Eichenart, die etwas kleinere Traubeneiche *(Q. petraea)*, findet sich eher im Hügelland und Mittelgebirge. Die Eicheln sind an einem Ende von einem gestielten Fruchtbecher umgeben.

Geschichte & Geschichten

Eichen wachsen langsam und beginnen erst mit 40 bis 80 Jahren zu blühen. Dafür ist ihr Holz besonders stark. Große Teile von Venedig und Amsterdam stehen auf Eichenpfählen. Alte Eichen sind eindrucksvolle Persönlichkeiten und werden seit jeher verehrt, besungen und bedichtet, mit ihrem Laub werden die Köpfe von Siegern bekränzt. Eichen sind blitzgefährdet. Wenigstens der erste Teil des Spruches »Eichen sollst du weichen, Buchen sollst du suchen« (s. »Buche«) stimmt also. Mit Eicheln wurden früher Schweine gemästet, heute labt sich das Wild daran.

Volksmedizin

Bei Halsschmerzen wirkt Gurgeln mit Eichenrindentee entzündungshemmend. Trinkt man ihn, hilft er gegen Magenentzündungen und Durchfall.

Holz

Eichenholz ist ein gelblichbraunes Hartholz mit intensiver Porenstruktur, das häufig für Böden verwendet wird, weil es fäulnisbeständig ist und aufgrund der hohen Einlagerung von Gerbsäure gegen Wurmfraß resistent ist. Zudem ist es ein unverwüstliches Material für Möbel- und Konstruktionsbau und für Weinfässer.

Vogelkirsche

Prunus avium · Rosengewächse

Namenskunde: Vogel, Wild oder Süßkirsche **Volksnamen:** Zwieselbeerbaum, Scheißkirschn (Niederösterreich), Bauankeaschn (Tirol, Oberösterreich)

Botanisches

Die Vogelkirsche ist ein 15 bis 25 m hoher Baum mit rundlicher Krone und braunroter Rinde mit dünnen Querstreifen, die sich später bandförmig ablöst. Die großen ovalen, spitz auslaufenden Blätter sind dunkelgrün. Aus den gestielten weißen Blüten, die in Dolden zusammensitzen, entwickeln sich die süßsauren roten Kirschen, die Ende Juni reif sind. Man findet die Vogelkirsche in Laubmischwäldern und an Waldrändern auf nährstoffreichen, lehmigen Böden. Sie wird nur 80 bis 90 Jahre alt und ist die Stammform aller veredelten Gartenkirschen.

Geschichte & Geschichten

Schon in der Umgebung von steinzeitlichen Siedlungsresten wurden Vogelkirschkerne gefunden. Die ersten veredelten Süßkirschen züchteten die Römer. In der Biedermeierzeit war Kirsche neben Nuss das Hauptholz im Möbelbau. Ein alter, Glück verheißender Brauch ist es, an Barbara, dem 4. Dezember, Vogelkirschzweige im warmen Haus in die Vase zu stellen, sodass sie noch vor Weihnachten aufblühen. Ein kleiner Trick, damit es sicher gelingt: die Knospen regelmäßig mit Wasser besprühen.

Volksmedizin

Getrocknete Kirschkerne sind gute Wärmespeicher. In kleine Kissen gefüllt und erwärmt, lindern sie – vor allem bei Babys – Bauchweh und Blähungen. Auch Menschen mit Genickschmerzen sollten ihr Haupt auf Kirschkernpolster betten.

Holz

Vogelkirschholz ist ein schönes, hochwertiges Hartholz mit etwas intensiverer Maserung als Birnholz. Es ist rötlich-beige, kann aber auch gelb-rötlich sein. Manchmal zeigt es leicht grünliche Streifen. Es wird als Massiv- und Furnierholz verwendet, für Möbel, Verkleidungen, Böden, kunsthandwerkliche Objekte, Musikinstrumente und als Drechslerholz.

Wildapfel

Malus sylvestris · Rosengewächse

Namenskunde: Wild, Holzapfel, Europäischer Wildapfel
Volksnamen: Säuerling (Kärnten, Steiermark, Salzburg), Holzapfalter (Steiermark, Traisental/Niederösterreich).

Botanisches
Holzapfelbäume werden im Wald bis zu 10 Meter hoch, kommen aber öfter als Kleinbäume oder große Sträucher vor. Sie bevorzugen kalkhaltige, humose Lehmböden in Au- und Laubwäldern. Selten werden sie älter als 50 bis 80 Jahre. Ihre graubraune Rinde zeigt Längsrisse, die Blüten sind weiß bis rosa, die eiförmigen Blätter anfangs dicht behaart. Die kleinen runden Holzäpfel, die im Frühherbst reifen, sind grüngelb mit roten Wangen und schmecken herb-sauer und bitter.

Geschichte & Geschichten
Schon die jungsteinzeitlichen Pfahlbaukulturen nützten Holzäpfel; wahrscheinlich gab es bereits damals erste Auslesen für die späteren Kulturäpfel *(Malus domestica)*, zu deren wichtigen Stammformen der Holzapfel womöglich gehört. Im Mittelalter verwendete man den Saft seiner kleinen Äpfel für eine saure Sauce und als Essigersatz. Der heimische Wildapfelbaum ist selten geworden und gilt als vom Aussterben bedroht. Insgesamt sind reine Wildäpfel nur sehr schwer von verwilderten Kulturapfelbäumen zu unterscheiden.

Volksmedizin
Hildegard von Bingen, die große heilkundige Äbtissin des Mittelalters, empfahl Apfelbaumblätter zur Stärkung des Körpers. Pflücken müsse man diese allerdings, bevor der Baum Früchte ansetze, »denn dann sind sie milde und heilkräftig wie junge Mädchen, ehe sie zum ersten Male geboren.« Bei Rücken- und Bauchschmerzen soll die vom Apfelbaum beschattete Erde Wunder wirken.

Holz
Das harte Wildapfelholz hat einen rotbraunen Kern und einen deutlich helleren weißlich-hellbraunen Splint. Es ist ein gutes Möbel- und Drechselholz, kommt aber wegen der Seltenheit der Bäume kaum in den Handel und hat keine wirtschaftliche Bedeutung.

D+T
B

Bücher & Adressen

Tipps zum Nachlesen und Weiterlesen

Taschenlexikon der Pflanzen Deutschlands und angrenzender Länder:
Ruprecht Düll, Herfried Kutzelnigg, Quelle & Meyer, 7. Auflage. Ein exzellenter Führer zur heimischen Flora mit viel Volkskundlichem.

Bäume von A bis Z:
Helmut Pirc, Eugen Ulmer Verlag. Ein sehr empfehlenswertes Buch mit detaillierten Baum- und Sortenporträts.

Die geheime Sprache der Bäume und wie die Wissenschaft sie entschlüsselt:
Erwin Thoma, Ecowin Verlag. Ein hochinteressantes Buch, im Speziellen über die Interaktion von Waldbäumen untereinander.

Geschichte und Volkskunde der deutschen Heilpflanzen:
Heinrich Marzell, Reichl Verlag. Ein Klassiker, aus dem man viel Historisches und Kulturgeschichtliches über Pflanzen erfährt.

Pflanzen im Mittelalter. Eine Kulturgeschichte:
Helmut Birkhan, Böhlau Verlag. Ein ausgezeichnetes Buch für historisch besonders Interessierte.

Lexikon der Pflanzensymbolik:
Clemens Zerling, AT Verlag. Wofür stehen einzelne Bäume und Blumen? Was symbolisieren sie? Dieses Buch gibt Auskunft.

Was Pflanzen wissen. Wie sie sehen, riechen und sich erinnern:
Daniel Chamovitz, Hanser. Das Buch fasst zusammen, was die Wissenschaft heute über Pflanzen und ihre Sinneswahrnehmungen weiß.

www.oeaw.ac.at
Österreichische Akademie der Wissenschaften

www.proholz.at
Eine sehr kompetente Website mit viel Wissen rund um Bäume und Holz.

Über die Autorin

Julia Kospach wurde 1968 in Kärnten geboren und studierte Linguistik und Slawistik in Wien und Paris. Als freie Autorin und Journalistin schreibt sie für in- und ausländische Medien über die Themen Literatur, Kulturgeschichte, Reisen, Natur und Garten. 2014 gründete sie gemeinsam mit Erich Stekovics den Verlag *KoSte*, der kulinarisch-gärtnerische Titel verlegt. Julia Kospach lebt in Wien und Bad Ischl.

FSC
www.fsc.org
MIX
Papier aus verantwortungsvollen Quellen
FSC® C012536

 · Gesetzt aus der Hoefler Text und The Sans · Medieninhaber, Verleger und Herausgeber: Red Bull Media House GmbH, Oberst-Lepperdinger-Straße 11–15, 5071 Wals bei Salzburg, Österreich · Gestaltung und Satz: graficde'sign. pürstinger, Alex Stieg · Fotos: Cover: Fotolia/blantiag · Innenteil: S. 6: mauritius images/Michael Jaeschke, S. 9, 13, 20, 26, 30, 32, 34, 36, 40, 42, 44, 46, 48, 52, 56, 58, 60: imago/blickwinkel, S. 10: imago/imageBROKER/Andreas Vitting, S. 12: mauritius images/imageBROKER/Valentin Wolf, S. 14: imago/Westend61, S. 17: mauritius images/Christian Zappel, S. 18: mauritius images/Udo Siebig, mauritius images/Wolfgang Weinhäupl, shutterstock/Jiang Hongyan, S, 18, 36, 50: mauritius images/imageBROKER/Georg Stelzner, S. 20: imago/Harald Lange, getty images/Martin Ruegner, getty images/Maria Mosolova, S. 22: mauritius images/Brigitte Protzel, shutterstock/Roland Oster, shutterstock/unpict, getty images/Tuomas Lehtinen, S. 24, 42: getty images/Raimund Linke, S. 24: shutterstock/Wolfilser, shutterstock/Almaran, getty images/ imagenavi, S. 26: Flora Press/Emotive Images, shutterstock/Sunvic, S. 26, 28: mauritius images/foodcollection S. 28: mauritius images/imageBROKER/Ray Bird/FLPA, imago/imagebroker/schauhuber, Flora Press/Martin Hughes-Jones, S. 30: mauritius images/Zoonar GmbH/Alamy, mauritius images/Frank Blackburn/Alamy, mauritius images/Nature Photographers Ltd/Alamy, S. 32, 44, 54, 56, 60: imago/imagebroker, S. 32: getty images/Maarigard, S. 34, 48: Flora Press/Visions, S. 36: mauritius images/RODRUN/Knöll, getty images/dlerick, getty images/Mario Castello, S. 36: imago/alimdi, S. 38: mauritius images/Zoonar GmbH/Alamy, mauritius images/imageBROKER/Oliver Gerhard, Flora Press/gartenfoto.at, S. 38, 40, 54: Flora Press/FLPA Images of Nature, S. 40: imago/McPHOTO, imago/Manfred Ruckszio, S. 42: getty images/bazza1960, getty images/Joel Sartore, S. 46: mauritius images/Universal Images Group North America LLC/DeAgostini/Alamy, getty images/Gary Ombler, S. 46, 56: imago/Peter Widmann, S. 48: image/Leemage, S. 50: getty images/Westend61, getty images/joakimbkk, getty images/Herbert Kehrer, S. 52: imago/Martin Werner, S. 54: getty images/Andyd, getty images/sbk_20d pictures, S. 56: getty images/Corey T. Pettit {red ball moon} S. 60: mauritius images/Werner Layer, mauritius images/Bob Gibbons/Alamy, S. 62: getty images/Olaf Kruger

Printed in Austria
ISBN 978-3-7104-0188-6